Bibliografische Information der Deutschen Nationalbibliothek:

Die Deutsche Bibliothek verzeichnet diese Publikation in der Deutschen National-
bibliografie; detaillierte bibliografische Daten sind im Internet über http://dnb.d-
nb.de/ abrufbar.

Impressum:

Copyright © 2018 GRIN Verlag
Druck und Bindung: Books on Demand GmbH, Norderstedt Germany
ISBN: 9783668739109

Dieses Buch bei GRIN:

https://www.grin.com/document/429883

Damian Niezgoda

Können Elektromotoren das Klima wirklich verbessern?

Vergleich des CO2-Ausstoßes von PKW mit Verbrennungsmotor und Elektromotor

GRIN Verlag

FACHSCHULE TECHNIK
FACHRICHTUNG KAROSSERIE- UND FAHRZEUGBAUTECHNIK
AN DER
MUSTER SCHULE FAHRZEUGTECHNIK IN MÜNCHEN

Facharbeit im Rahmen der Ausbildung zum staatlich geprüften Techniker

Können Elektromotoren das Klima wirklich verbessern?

Anhand eines Vergleiches des CO_2-Ausstoßes von PKW mit Verbrennungsmotor oder Elektromotor sollen die Auswirkungen auf das Klima untersucht werden.

Inhalt

1. Einleitung

Im Rahmen dieser Facharbeit sollen die Verbrennungs- und Elektromotoren unter Berücksichtigung des CO_2-Ausstoßes miteinander verglichen werden, um die Fragestellung zu beantworten, welche Motoren sich positiver auf unser Klima auswirken können. Dabei werden verschiedene Faktoren herausgesucht und gegenübergestellt, um zu sehen, wo die Schwierigkeiten liegen und was sich verbessern muss, um den CO_2-Austoß zu senken. Anhand dieser Vergleiche kann man erkennen, ob die Elektromobilität heutzutage wirklich nachhaltig das Klima und damit unsere Umwelt verbessern kann. Es ist schon lange kein Geheimnis mehr, dass unser Klima immer mehr gefährdet ist und wir Menschen zum großen Teil sehr stark dazu beitragen. An keinem anderen Ort auf unserem Planeten wird der Klimawandel so deutlich wie in den nördlichen und südlichen Polarregionen. Dort schmilzt die Eisdecke in Rekordzeit und erhöht somit den Meeresspiegel immer weiter. Es gibt mehrere Faktoren für den Klimawandel, doch ein entscheidender Faktor ist der CO_2-Ausstoß. Da mich die Natur und Umwelt schon immer faziniert hat, ist die untersuchte Fragestellung auch eine private Motivation, um mehr Fakten und Lösungsanreize für die Klimaentwicklung herauszufinden.

2. Verbrennungs- und Elektromotoren

2.1. Was sind Verbrennungsmotoren?

Unter Verbrennungsmotoren (siehe Abb. 1) versteht man Motoren, die chemische Energie in mechanische Arbeit umwandeln. Dies geschieht im Brennraum des Motors, wo ein zündfähiges Luft-Kraftstoff-Gemisch verbrannt wird. Die durch die Verbrennung im Zylinder entstehende Wärmeausdehnung sorgt nun dazu, dass sich der Kolben im Zylinder auf- und abbewegen kann. „Bei Hubkolbenmotoren wird die Auf- und Abbewegung des Kolbens (Hub), meistens durch einen Kurbeltrieb in eine Drehbewegung umgewandelt" (Wiesinger, 2018). Otto- und Dieselmotoren sind die üblichen Arten von Verbrennungsmotoren. Diese Arten von Motoren finden typischerweise Anwendung in der Automobilindustire. (Wikipedia, 2018)

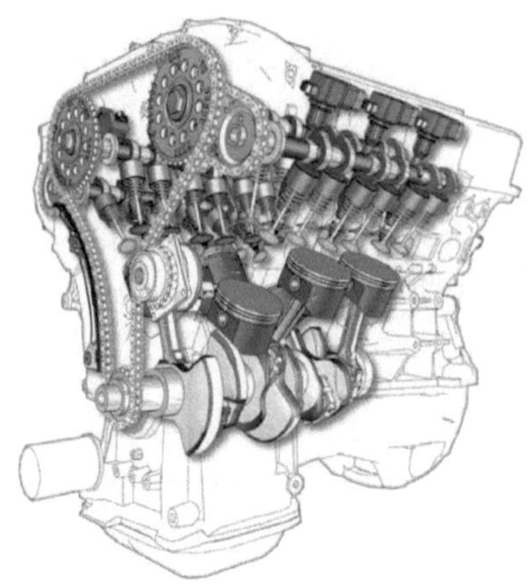

Abbildung 1: Querschnittzeichnung eines V-Motors, Verbrennungsmotor (Wikipedia, 2018)

2.2. Was versteht man unter Elektromobilität und Elektrofahrzeugen?

Zur Elektromobilität zählen Fahrzeuge im Bereich des Personen- und Gütervehrkehrs, die mit einem Elektromotor ausgestattet sind. Doch nicht nur PKW und LKW zählen zur Elektromobilität, sondern auch Fahrräder, Motorräder und Busse, die elektrisch angetrieben werden, gehören dazu. In der darauffolgenden Tabelle (siehe Tab. 1) wird eine Aufteilung zur genauen Definition der Elektrofahrzeuge angeführt, die mindestens einen elektrischen Motor besitzen. „Elektromotoren finden in der Technik eine weite Verbreitung und können mit überschaubarem Aufwand und ohne grundsätzliche Änderung für die mobile Anwendung im Fahrzeugbetrieb angepasst werden" (Karle, 2015, S. 58).

Fahrzeugtyp	Beschreibung
(Reines) Elektrofahrzeug	Antrieb mit Elektromotor und mit am Netz aufladbarem Akku (Batterie)
Elektrofahrzeug mit Reichweitenverlängerung	Elektrofahrzeug mit zusätzlichem Verbrennungsmotor oder Brennstoffzelle zur mobilen Aufladung des Akkus
Plug-In-Hybridfahrzeug	Kombination aus Elektroantrieb und Verbrennungsmotor, Akku am Netz aufladbar
Hybridfahrzeug	Verbrennungsmotor plus Elektromotor, Akku nicht am Netz aufladbar
Brennstoffzellenfahrzeug	Elektromotor plus Brennstoffzelle zur Energieerzeugung

Tabelle 1: Typen von Elektrofahrzeugen (Karle, 2015, S. 13)

2.3. Wieso sich Verbrennungsmotoren erstmals durchsetzen konnten

Die Elektromotoren sowie Verbrennungsmotoren gab es beide im Prinzip schon seit der Erfindung des Automobils. Bereits Ende des 19. Jahrhunderts wurde nicht nur der Ottomotor erfunden und bis zur Nutzungsreife weiterentwickelt, sondern auch schon erfolgreich an Elektrofahrzeugen gearbeitet. Doch damals erkannte man schnell die Vorteile des Ottomotors gegenüber des Elektromotors. Die Elektromotoren hatten zu der Zeit schon mit hohem Gewicht und geringen Reichweiten zu kämpfen, wie z.B. der Lohner-Porsche[1] „... das Fahrzeug hatte als Antrieb zwei Radnabenmotoren an den Vorderrädern, war $50\frac{km}{h}$ schnell und hatte mit einem 400 kg schweren Bleiakku eine Reichweite von 50 km" (Karle, 2015, S. 17). Die Reichweite der Benzinmotoren hingegen war deutlich besser und das Nachtanken der Ottomotoren im Vergleich zum Aufladen der Batterie eines Elektromotors ging deutlich schneller. Diese Vorteile sorgten dafür, dass sich die Ottomotoren überaus erfolgreich durchsetzten konnten (Karle, 2015, S. 17).

2.4. Die „zweite Chance" für Elektrofahrzeuge

Aufgrund des erhöhten CO_2-Ausstoßes, der durch die Menschen verstärkt wurde, dachte man über bessere Alternativen für die Umwelt nach und da kam der Elektromotor immer mehr in den Fokus. „Elektromobilität wird vielfach als die Lösung zukünftiger Mobilität gesehen" (Tober, 2016, S. 15). Bis zum Ende des 20. Jahrhunderts gab es immer wieder Versuche, die Elektrofahrzeuge für die Menschen attraktiver zu machen, jedoch mit wenig Erfolg. Es wurde vor allem an den Akkus der Fahrzeuge geforscht und versucht, die Reichweiten und die Haltbarkeit der Akkus zu erhöhen. „Ein Durchbruch bahnte sich dann aber mit der Erfindung des Lithium-Ionen-Akkus an" (Karle, 2015, S. 18). Sie brachten eine Menge entscheidender Vorteile wie z.B. eine hohe Speicherdichte, keinen Memoryeffekt und geringe Selbstentladung. Eine der ersten Firmen, die diese Akkus erfolgreich und serienreif in Fahrzeuge verbaute, war TESLA[2]. Obwohl die Firma bis dahin kein etablierter Fahrzeughersteller war, schaffte sie es an die Spitze der Elektromobilität und ist laut „Focos Online" sogar Marktführer für Elektrofahrzeuge (Focus Online, 2017). Das Fahrzeug TESLA Model S (siehe Abb. 2) beeindruckt mit Reichweiten von mehreren hundert Kilometern (TESLA, 2018).

---

[1] Praxistaugliches Elektrofahrzeug, welches von Ferdinand Porsche entwickelt und im Jahr 1900 in Paris auf der Weltausstellung präsentiert wurde (Karle, 2015, S. 17).

[2] TESLA wurde im Jahr 2003 gegründet und stellt ausschließlich Fahrzeuge mit Elektromotoren her (Wikipedia, 2018).

Abbildung 2: TESLA Model S (TESLA, 2018)

3. Lebensdauer der Motoren

In diesem Abschnitt geht es um die durchschnittliche Lebensdauer der verschiedenen Motoren. Es stellt sich die Frage, wie hoch die durchschnittliche Lebensdauer von Verbrennungsmotoren und die der Lithium-Ionen-Akkus ist. Die Lebensdauer ist deshalb so wichtig, weil festgestellt werden muss, ob ein Elektromotor mit einem Verbrennungsmotor mithalten kann. Da die verschiedenen Motoren auch Unterschiede in der Herstellung aufweisen (mehr dazu im Abschnitt 5.1.1.), muss man abwägen, was sich am Ende besser oder schlechter auf die Umwelt auswirkt.

3.1. Lebensdauer von Lithium-Ionen-Akkus

Bei Lithium-Ionen-Akkus, die in den Elektrofahrzeugen eingesetzt werden, geht man allgemein davon aus, dass sie nach etwa acht Jahren ihren Lebenszyklus durchlaufen haben. „Nach diesem Zeitraum stellen Batterien aber nicht einfach ihren Dienst ein. Mit Ende des Lebenszyklus ist in der Regel erst einmal die Reduzierung der Leistungsfähigkeit auf 70 % bis 80 % der ursprünglich verfügbaren Batteriekapazität gemeint" (ecomento, 2018). Die Akkus sind demnach immer noch funktionsfähig, können allerdings nur noch 70 % bis 80 % der ursprünglichen Reichweite erreichen. Experten gehen davon aus, dass der Lebenszyklus nach ca. 1.000 Aufladungen ein Ende findet, oder wie bereits erwähnt, nach etwa acht Jahren (Kleber & Schneider, 2017). Bei der realisierbaren Reichweite heutzutage von ca. 150 km bis 200 km, wären dies dementsprechend ca. 150.000 km bis 200.000 km Laufleistung. Nach dieser Leistung würde die Akkukapazität nachlassen und es wären nur noch geringere Strecken möglich sein.

3.2. Lebensdauer von Verbrennungsmotoren

Die Lebensdauer von Verbrennungsmotoren hängt von mehreren Faktoren ab. In der Regel sagt man, dass Dieselmotoren eine längere Lebensdauer aufweisen als Ottomotoren. Doch hier muss man auch hinzufügen, dass Dieselmotoren eher für Langstrecken zum Einsatz kommen sollten, da sie in der Regel etwas länger brauchen als ein Ottomotor, um auf Betriebstemperatur zu kommen. Demnach nutzt ein Dieselfahrzeug, welches des Öfteren kurze Strecken fährt, schneller ab und schädigt den Motor. Kurzstrecken sind allerdings auch nicht unbedingt besser für einen Ottomotor, da dieser jedoch schneller auf Betriebstemperatur kommt, schädigt es den Motor eher weniger. Ein anderer wichtiger Faktor für die Lebenserwartung von Verbrennungsmotoren ist das Downsizing. Durch das Verkleinern der Motoren und die Aufladung durch Turboladern sinkt die Lebensdauer der Verbrennungsmotoren immer weiter. An die Lebensdauer der alten Motoren kommen die neuen Motoren schon lange nicht mehr heran. Alte Benzinmotoren hatten z.B. eine Lebensdauer von ca. 300.000 km und mehr, bei Dieselmotoren waren es sogar noch mehr. Heute geht man von einer Laufleistung von ca. 200.000 km bis 250.000 km bei Verbrennungsmotoren aus (Farwer, 2018).

3.3. Vergleich der Lebensdauer zwischen Verbrennungs- und Elektromotoren

Die Lebensdauer der Motoren ist in beiden Fällen relativ gleich. Durch das Downsizing der Verbrennungsmotoren sinkt die Lebensdauer der Motoren immer weiter ab. Die Akkus der Elektrofahrzeuge halten in der Regel 150.000 km bis 200.000 km ihren Lebenszyklus. Nach dieser Laufleistung verringert sich zwar die Speicherkapazität der Lithium-Ionen-Akkus, sie können dennoch weiterhin genutzt werden und im Hinblick auf die Laufleistung und Lebensdauer trotzdem mit den Verbrennungsmotoren mithalten.

4. Klima und CO_2-Emissionen

4.1. Was ist unser Klima?

Das Klima sind alle Wettererscheinungen, die für ein Gebiet über viele Jahre hinweg typisch sind. Änderungen sieht man nicht sofort, da sich das Klima langfristig entwickelt und Veränderungen deshalb erst über mehrere Jahre oder Jahrzehnte erkennbar werden. Durch den CO_2-Ausstoß, der durch den Menschen verursacht wird, „…verändert sich unser Klima schneller als die Erde ertragen kann" (Greenpeace, 2017). Dies zeichnet sich z.B. durch starke Regenfälle aus, die Überschwemmungen mit sich bringen oder durch starke Stürme, die große Schäden an Land verursachen können (Greenpeace, 2017).

4.2. Was sind CO_2-Emissionen und woher kommen sie?

Unter CO_2[3] versteht man ein giftiges Gas, welches geruchlos und schwerer als die Luft ist. „Hauptsächlich entsteht es bei Verbrennungsprozessen von kohlenstoffartigen oder kohlenstoffhaltigen Produkten wie Kohle, Öl, Erdgas, Methan oder kohlenstoffhaltigen Abfällen" (Globalisierung Fakten, 2018). Der erhöhte CO_2-Ausstoß hat mehrere Gründe, doch die größten sind unter anderem die Energiebereitstellung, die Landwirtschaft, die Industrie und der

---

[3] CO_2 ist die das chemische Formelzeichen für Kohlenstoffdioxid oder Kohlendioxid

Verkehr. Laut „Greenpeace" geht man davon aus, dass die Tendenz aufgrund der wachsenden Städte und Weltbevölkerung steigen wird (Greenpeace, 2017). Im folgenden Diagramm (siehe Abb. 3) wird noch einmal genauer dargestellt, woher die CO_2-Emissionen kommen.

Abbildung 3: Übersicht der CO₂-Verursacher

4.3. Die Entwicklung des weltweiten CO_2-Ausstoßes von 1960 – 2016

Die folgende Statistik (siehe Abb. 4) zeigt den weltweiten CO_2-Ausstoß in den Jahren 1960 bis 2016. Anhand der Zahlen kann man ablesen, wie sich der Ausstoß in den letzten 55 Jahren verändert hat. Während es im Jahr 1960 noch rund 9,1 Mrd. Tonnen waren, stieg der Wert in den nächsten Jahrzehnten immer weiter an. Bis 2016 lag der Wert bei etwa 35 Mrd. Tonnen, was einen Anstieg von beinahe 400 % ausmacht (statista, 2017). Der erhöhte CO_2-Ausstoß sorgt dafür, dass sich das Klima schneller verändert als üblich.

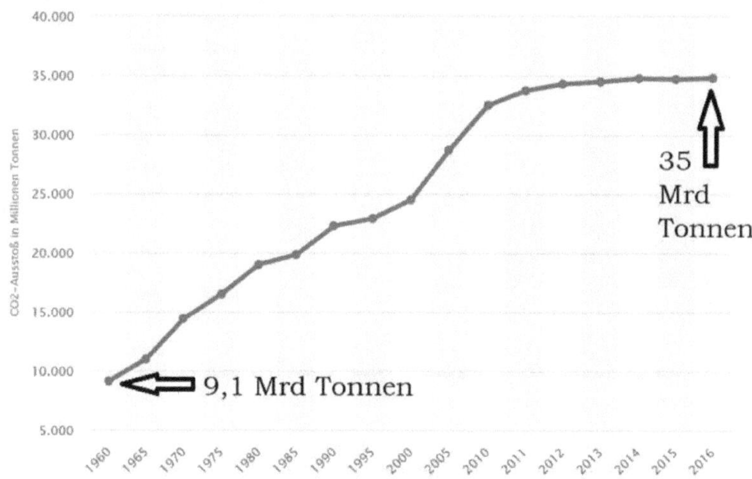

Abbildung 4: Die Entwicklung des weltweiten CO_2-Ausstoßes (statista, 2017)

4.4. Die CO_2-Emissionen der verschiedenen Länder

Der Spitzenreiter ist zur Zeit die Bundesrepublik China mit insgesamt 10,6 Mrd. Tonnen CO_2-Ausstoß pro Jahr (Stand 2015). Man rechnet damit, dass sich dieser Wert in den nächsten Jahren wegen des wirtschaftlichen Wachstums Chinas weiter vergrößert. Global gesehen liegt der chinesische Anteil zurzeit somit schon bei 26 %, gefolgt von den USA mit 14 %. Der CO_2-Ausstoß liegt hier bei rund 5,2 Mrd. Tonnen pro Jahr. Deutschland belegt im weltweiten Ranking Platz 7 mit 0,8 Mrd. Tonnen CO_2-Ausstoß. Die Zahlen dieser Statistik habe ich aus dem „Spiegel Online" (Seidler, 2017) und aus einem Magazin von „Greenpeace" entnommen (Greenpeace, 2017). Anhand dieser Zahlen kann man den Ausstoß pro Kopf ermitteln (siehe Abb. 5). Der setzt sich aus der Zahl der CO_2-Emissonen und der Zahl der Einwohner des jeweiligen Landes zusammen.

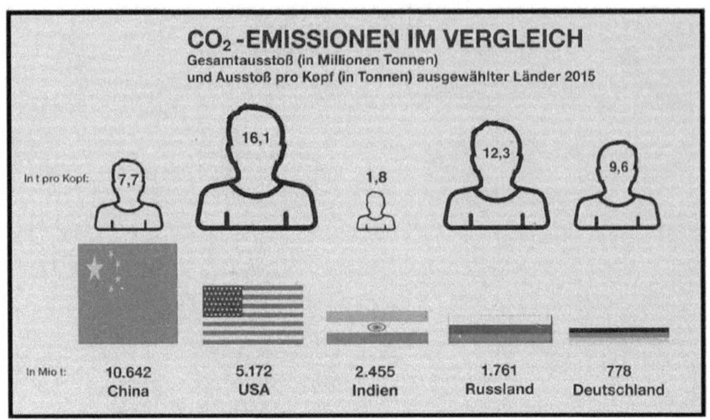

Abbildung 5: Vergleich der CO$_2$-Emissionen pro Kopf (Greenpeace, 2017)

5. Elektromobilität oder Verbrennungsmotor? – Vergleich des CO$_2$-Ausstoßes unter Berücksichtigung verschiedener Faktoren

5.1. Vergleich des CO$_2$-Ausstoßes bei der Herstellung

Bei meiner Recherche nach genauen Zahlen über den CO$_2$-Ausstoß, der bei der Herstellung von Verbrennungs- und Elektrofahrzeugen entsteht, bin ich auf einige Probleme gestoßen. Es gibt sehr wenig Informationen darüber und vor allem die Hersteller geben die genauen Daten nicht bekannt. Daher beziehe ich die meisten Informationen, die ich zu diesem Thema finden konnte, aus den Büchern „Praxisbericht – Elektromobilität und Verbrennungsmotor" von Tober, W. und „Elektromobilität – Grundlagen und Praxis" von Karle, A. Dort sind einige wichtige Zahlen und Fakten nicht nur über die Herstellung der Fahrzeuge, sondern zusätzlich über die Herstellung von Benzin, Diesel und Elektrizität in Deutschland. In dem Buch „Praxisbericht – Elektromotor und Verbrennungsmotor" beschreibt der Autor auch, dass es für die Nachhaltigkeit wichtig sei, den Strom aus sogenannten „regenerativen Energiequellen" zu beziehen. „Zu den regenerativen Energiequellen zählen demnach Sonnenenergie, Windenergie, Wasserkraft, Biomasse und Erdwärme" (Tober, 2016, S.15). Die Gründe dafür erläutere ich genauer im Abschnitt 7, wenn es um den Vorteil von erneuerbarer Energie geht. Das Problem hier ist allerdings, dass es in Deutschland zurzeit noch nicht möglich ist, alle elektrischen Fahrzeuge mit so viel Strom aus regenerativer Energie aufzuladen, da es nicht mehr zur Deckung des Strombedarfs anderer Sektoren ausreichen würde. Der deutsche Strommix setzt sich aus regenerativer (erneuerbarer) Energie und konventioneller Energie zusammen. Der Anteil im Jahr 2017 lag bei der erneuerbaren Energie bei 38,5 % und bei den konventionellen Energieträgern waren es 61,5 % (Strom Report, 2018). Ich beziehe mich in dieser Analyse auf den CO$_2$-Ausstoß bei der Herstellung pro Fahrzeug eines Mittelklasse-PKW und den CO$_2$-Ausstoß, der bei der Herstellung von Elektrizität, Benzin und Diesel entsteht. Hierbei handelt es sich demnach nicht um den Gesamtenergiebedarf.

5.1.1. CO₂-Ausstoß bei der Herstellung eines Mittelklasse-PKW

Bei der Herstellung eines Mittelklasse-PKW habe ich herausgefunden, dass der CO_2-Ausstoß zwischen Benzin- und Dieselfahrzeugen nahezu gleich ist. Dieser liegt nämlich im Schnitt bei ca. 5,5 Tonnen pro Fahrzeug. Bei der Herstellung von Elektrofahrzeugen hingegen sieht das schon deutlich anders aus. Hier stellte ich fest, dass der CO_2-Ausstoß etwa doppelt so hoch liegt wie bei einem Fahrzeug mit Verbrennungsmotor, nämlich bei ca. 10,1 Tonnen pro Fahrzeug (Karle, 2015, S. 166). Dieser Unterschied ist auf die komplizierte und aufwendige Herstellung der Lithium-Ionen-Akkus in den Elektrofahrzeugen zurückzuführen. Der Energie-aufwand für die Herstellung der Karosserie und Inneneinrichtung ist in allen Fällen gleich. In dem nächsten Diagramm (siehe Abb. 6) verdeutliche ich noch einmal grafisch den Unterschied des CO_2-Ausstoßes, der bei der Herstellung der Fahrzeuge entsteht. Auf der x-Achse sind die verschiedenen PKW abgebildet. Auf der y-Achse erkennt man den CO_2-Ausstoß in Tonnen, der pro PKW anfällt. Die blauen Balken zeigen die Unterschiede auf, die bei der Herstellung der Fahrzeuge entstehen. Die Grafik wurde mit der Tabellenfunktion von Open Office erstellt.

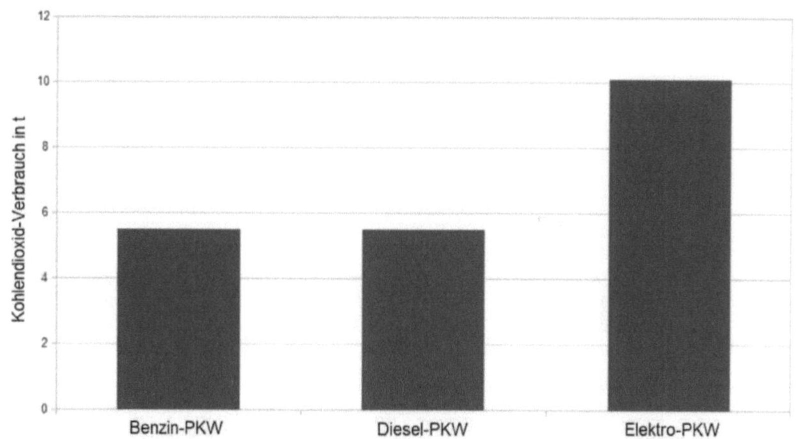

Abbildung 6: CO₂-Ausstoß bei der Herstellung eines Mittelklasse-PKW

5.1.2. CO₂-Ausstoß bei der Herstellung von Benzin, Diesel und Elektrizität

Auch bei der Herstellung von Benzin, Diesel und Strom fällt ein riesiger Unterschied auf. Während es bei Diesel und Benzin wieder relativ ähnlich aussieht, liegt der Energieaufwand für die Herstellung von Elektrizität bei dem aktuellen deutschen Strommix etwa fünf mal höher als bei Benzin und sogar sechs mal höher als bei Diesel (Tober, 2015, S.16). Da in seinem Buch keine genauen Zahlen genannt wurden, musste ich mich anderweitig informieren und herausfinden, wie viel Energie und CO_2 wirklich bei der Herstellung ausgestoßen wird. Auf der Seite vom Umweltbundesamt fand ich heraus, dass bei der Stromgewinnung ein CO_2-Ausstoß von ca. $527\frac{g}{kWh}$ entsteht (Umweltbundesamt, 2017). Da die Energie für die Stromgewinnung ca. fünf mal höher ist als bei Benzin, habe ich einen durchschnittlichen Wert von ca. 105 g pro Liter errechnet. Bei der Dieselherstellung, die sechs mal weniger CO_2-Ausstoß erzeugt als die Stromgewinnung, bin ich auf einen Wert von ca. 88 g pro Liter gekommen. In dem darauffolgenden Diagramm (siehe Abb. 7) verdeutliche ich noch einmal grafisch den Unterschied des CO_2-Ausstoßes, der bei der Herstellung von Benzin, Diesel und Elektrizität entsteht. Auf der x-Achse werden die drei verschiedenen Treibstoffe angezeigt. Auf der y-Achse erkennt man den CO_2-Ausstoß in g, der pro Liter bzw. Kilowattstunde anfällt. Die blauen Balken zeigen die Unterschiede auf, die bei der Herstellung der verschiedenen Treibstoffe für die jeweiligen Fahrzeuge entstehen. Die Grafik wurde mit der Tabellenfunktion von Open Office erstellt.

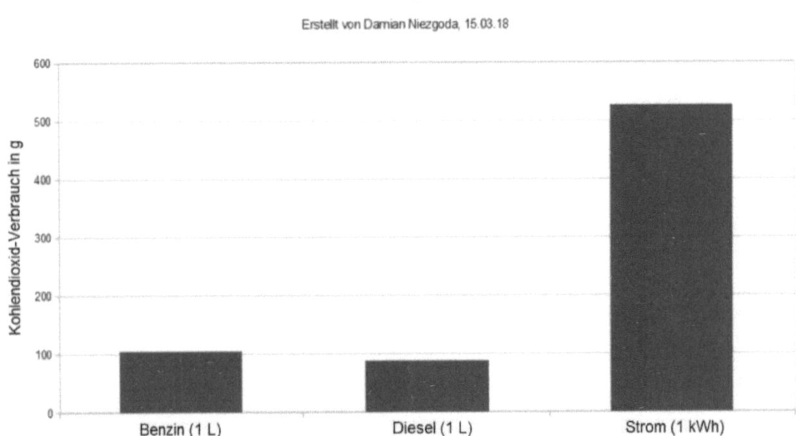

Abbildung 7: CO₂-Ausstoß bei der Herstellung von Benzin, Diesel & Strom

5.2. Vergleich des CO_2-Ausstoßes bei der Nutzung

Bei der Nutzung der verschiedenen Fahrzeuge beziehe ich mich auf die Mittelklasse-PKW (B-Klasse, Mercedes Benz), welche nicht nur für den Verkehr in der Stadt, sondern auch auf Autobahnen und Landstraßen eingesetzt werden. Hier untergliedern wir den CO_2-Ausstoß auf die unterschiedlichen Faktoren, wie z.B. die Herstellung von Elektrizität im Vergleich zu Benzin und den Ausstoß während der Fahrt. In diesem Beispiel errechne ich den ungefähren Verbrauch nach 1.000 km von Elektro- und Verbrennungsmotor und zeige am Schluss die CO_2-Bilanz anhand einer selbst erstellten Grafik.

5.2.1 Der CO$_2$-Ausstoß nach 1.000 km einer B-Klasse „Electric Drive[4]"

Da Elektrofahrzeuge in der Regel kürzere Reichweiten erreichen können, müssen sie öfter an die Ladestation. Die Reichweite für die B-Klasse liegt bei ca. 200 km (Karle, 2015, S. 165). Bei einer Strecke von 1.000 km müsste man den Akku also fünfmal aufladen. Nach einer Laufleistung von 100 km verbraucht der Akku ca. 16,6 kWh Strom (Karle, 2015, S.165), was nach 1.000 km einen Gesamtverbrauch von ca. 166 kWh entsprechen würde. Wie ich bereits im Abschnitt 5.1.2. erwähnt habe, hat das Umweltbundesamt für das Jahr 2016 berechnet, dass ca. 527$\frac{g}{kWh}$ CO$_2$-Emissionen anfallen. Multipliziert man nun die 166 kWh mit den 527 g CO$_2$-Ausstoß zusammen, erhält man ein Ergebnis von ca. 87,48 kg CO$_2$ nach 1.000 km. Bei der Nutzung sind Elektrofahrzeuge jedoch emmisionsfrei und erzeugen während der Fahrt keinen weiteren CO$_2$-Ausstoß, somit sind die 87,48 kg das Gesamtergebnis für eine Strecke von 1.000 km.

5.2.2. Der CO$_2$-Ausstoß nach 1.000 km einer B-Klasse „B 180[5]"

Wir wissen bereits, dass die Herstellung von Benzin etwa fünf mal weniger CO$_2$-Ausstoß produziert als die Herstellung von Elektrizität. Der von mir ermittelte Wert liegt bei ca. 105 g CO$_2$-Emissionen pro Liter Benzin (siehe Abschnitt 5.1.2.). Der Benzinverbrauch bei der B-Klasse „B 180" liegt nach 100 km bei ca. 5,5 Liter (mobile, 2018). Nach 1.000 km Fahrstrecke würde unser Benzinmotor also ca. 55 Liter Kraftstoff verbrauchen. Multipliziert man nun die 55 Liter Benzin mit den 105 g CO$_2$-Ausstoß zusammen, erhält man ein Ergebnis von ca. 5,78 kg CO$_2$-Ausstoß. Hier sieht man bereits den gewaltigen Unterschied zur Stromerzeugung von 87,48 kg CO$_2$-Ausstoß für eine Fahrstrecke von 1.000 km. Doch dieser Wert ist in diesem Fall noch nicht das Gesamtergebnis. Während Elektromotoren emissionsfrei unterwegs sind, stoßen Verbrennungsmotoren während der Fahrt CO$_2$ aus. Laut „mobile" liegt der CO$_2$-Ausstoß mit der B-Klasse „B 180" bei ca. 128$\frac{g}{km}$(mobile, 2018). Das wären nach 1.000 km nochmal zusätzlich 128 kg CO$_2$. Addiert man die beiden Ergebnise von 5,78 kg und 128 kg zusammen, erhalten wir somit ein Gesamtergebnis von 133,78 kg CO$_2$-Emissionen.

5.2.3. CO$_2$-Bilanz nach 1.000 km Nutzung zwischen Elektro- und Benzinmotor

Der Vergleich der beiden Fahrzeuge zeigt nochmal deutlich die Unterschiede auf. Die Herstellung von Elektrizität in Deutschland weist einen enorm höheren CO$_2$-Ausstoß auf, als die Herstellung von Benzin. Jedoch stoßen Elektrofahrzeuge während der Fahrt kein CO$_2$ aus und sind somit emissonsfrei. Der Verbrennungsmotor stößt in unserem Fall allerdings 128$\frac{g}{km}$CO$_2$ aus und sorgt dafür, dass nach 1.000 km ein zusätzlicher Ausstoß von 128 kg entsteht. Der

---

[4]Die B-Klasse „Electric Drive" ist ein reines Elektrofahrzeug von Mercedes Benz.
[5]Die B-Klasse „B 180" ist ein benzinbetriebenes Fahrzeug von Mercedes Benz.

CO$_2$-Gesamtausstoß von der B-Klasse „Electric Drive" liegt bei ca. 87,48 kg und von der B-Klasse „B 180" bei ca. 133,78 kg. In der darauffolgenden Grafik (siehe Abb. 8) habe ich noch einmal den Unterschied verdeutlicht, indem ich den durchschnittlichen CO$_2$-Ausstoß pro km ermittelt habe. Auf der x-Achse wird die Fahrstrecke von 0 km bis 1.000 km angezeigt. Auf der y-Achse erkennt man den CO$_2$-Ausstoß von 0 kg bis 140 kg. Die beiden Linien stellen die Fahrzeuge dar. Die rote Linie zeigt den Verlauf der B-Klasse „B 180" und die blaue Linie den Verlauf der B-Klasse „Electric Drive" an. Die Grafik wurde mit der Tabellenfunktion von Open Office erstellt.

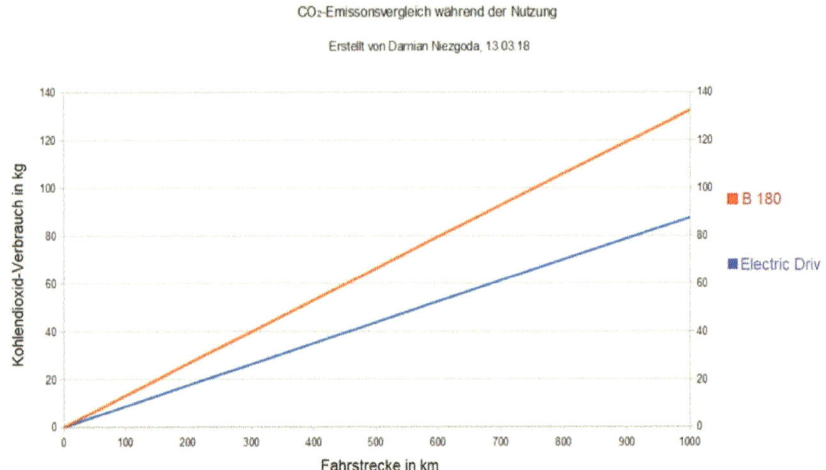

Abbildung 8: Vergleich des CO$_2$-Ausstoßes während der Nutzung

6. Sind Elektrofahrzeuge wirklich besser für die Umwelt?

Ob die Elektrofahrzeuge nun wirklich besser für die Umwelt sind, lässt sich nur richtig beantworten, indem ich alle bereits ermittelnden Werte und Fakten aus den oberen Abschnitten gegenüberstelle und anhand einer Grafik aufzeige. Im Abschnitt 5.1. ging es um die Herstellung der Fahrzeuge und um die Herstellung von Benzin, Diesel und Elektrizität. Im Abschnitt 5.2. ging es um die Nutzung der beiden B-Klassen „Electric Drive" und „B 180" von Mercedes Benz nach 1.000 km Laufleistung. Diese Faktoren müssen zusammen berechnet werden, um feststellen zu können, wie die erste Zwischenbilanz nach 1.000 km aussieht. Für eine bessere Übersicht werde ich die wichtigen Fakten aus den oberen Abschnitten kurz zusammenfassen. Anhand eines Diagrammes (siehe Abb. 9) werde ich grafisch die unterschiedlichen CO$_2$-Bilanzen darstellen und zum Schluss mein erstes Fazit nach 1.000 km abgeben. Das Diagramm wurde mit der Tabellenfunktion von Open Office erstellt.

<u>**Kurze Zusammenfassung**</u>

- 5,5 Tonnen CO_2-Ausstoß bei der Herstellung eines Verbrennungsfahrzeuges
- 10,1 Tonnen CO_2-Ausstoß bei der Herstellung eines Elektrofahrzeuges
- deutscher Strommix = 61,5 % konventionelle und 38,5 % erneuerbare Energie
- ca. 105 g CO_2-Ausstoß entsteht bei der Benzinherstellung (pro Liter)
- ca. 527 g CO_2-Ausstoß entsteht bei der Stromerzeugung (pro Kilowattstunde)
- CO_2-Gesamtausstoß der B-Klasse „B 180" = 133,78 kg nach 1.000 km
- CO_2-Gesamtausstoß der B-Klasse „Electric Drive" = 87,48 kg nach 1.000 km

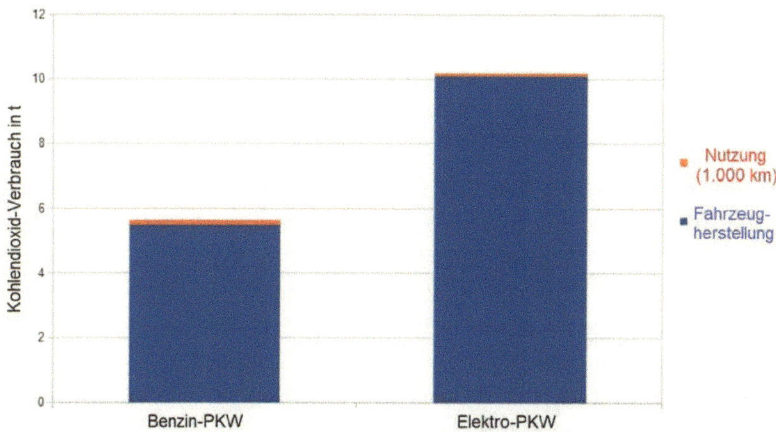

Abbildung 9: CO₂-Vergleich nach der Herstellung inkl. Nutzung von 1.000 km

Fazit nach 1.000 km: Auf der x-Achse erkennt man die beiden Fahrzeuge, die B-Klassen „B 180" und „Electric Drive". Auf der y-Achse wird der CO_2-Ausstoß in Tonnen gemessen. Die beiden Balken im Diagramm sollen den Unterschied des CO_2-Ausstoßes der beiden Fahrzeuge verdeutlichen. Die jeweiligen Balken wurden allerdings noch einmal auf zwei Faktoren aufgeteilt, nämlich die Herstellung (blaue Balken) und die Nutzung von 1.000 km (rote Balken). Nach der Fahrzeugherstellung und 1.000 km Fahrstrecke erkennt man die Unterschiede noch immer sehr deutlich. Die B-Klasse „Electric Drive" hat hier eine Gesamtbilanz von ca. 10,19 Tonnen CO_2-Ausstoß. Bei der B-Klasse „B 180" mit dem Ottomotor kommen wir auf einen insgesamten CO_2-Ausstoß von ca. 5,64 Tonnen. Das macht nach 1.000 km einen Unterschied von 4,55 Tonnen. Der Verbrennungsmotor ist in diesem Fall weniger schädlich für die Umwelt als der Elektromotor. Um zu erfahren, ob Elektromotoren wirklich besser für die Umwelt sind als vergleichbare Verbrennungsmotoren, muss ich also die Gesamtbilanz des CO_2-Ausstoßes auf eine größere Entfernung messen.

6.1. CO₂-Emissionen nach einer Laufleistung von 200.000 km

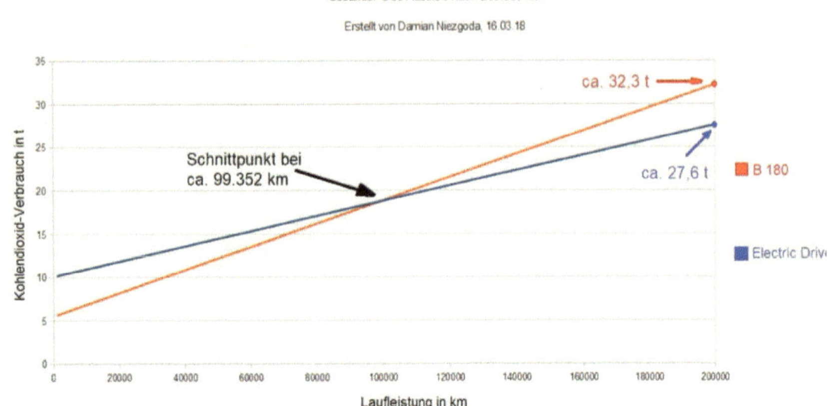

Abbildung 10: Gesamter CO₂-Ausstoß nach 200.000 km (Verbrennungs-und Elektromotor)

In der Grafik (siehe Abb. 10) wird auf der x-Achse die Laufleistung von 0 km bis 200.000 km angezeigt. Auf der y-Achse erkennt man den CO_2-Ausstoß von 0 bis 35 Tonnen. Die Linien in der Grafik bilden die beiden bereits bekannten Fahrzeuge ab. Die blaue Linie zeigt den durchschnittlichen CO_2-Ausstoß des Elektrofahrzeuges „Electric Drive" an. Die rote Linie bildet demzufolge die durchschnittlichen CO_2-Emissionen der B-Klasse „B 180" nach. Das Diagramm wurde mit der Tabellenfunktion von Open Office erstellt.

Bei beiden Fahrzeugen wird der CO_2-Ausstoß in Abhängigkeit ihrer Laufleistung gemessen. Anhand dieser Messung soll festgestellt werden, ob ein Elektromotor sich wirklich besser auf das Klima auswirkt als ein vergleichbarer Ottomotor. Im Abschnitt 5.1. habe ich bereits dargestellt, wieviel CO_2-Emissionen bei der Herstellung der beiden Fahrzeuge im Durchschnitt entstehen. Aus diesem Grund haben die beiden Fahrzeuge in der Grafik unterschiedliche Startpunkte. Die B-Klasse „B 180" beginnt somit bei 5,5 Tonnen und das Elektrofahrzeug „Electric Drive" bei 10,1 Tonnen CO_2-Ausstoß. Im weiterem Verlauf der beiden Linien erkennt man, dass sie sich nach gefahrener Laufleistung immer mehr „annähern". Dies hat den Grund, dass sich der CO_2-Ausstoß während der Nutzung unterscheidet, wie ich bereits im Abschnitt 5.2. verdeutlicht habe. Nach einer Laufleistung von ca. 99.352 km ist dann der Punkt erreicht, an dem sich die beiden Linien kreuzen. Das bedeutet, dass das Elektrofahrzeug erst nach diesen gefahrenen Kilometern den gleichen CO_2-Ausstoß wie das Fahrzeug mit Ottomotor aufweisen kann. Das Elektrofahrzeug „Electric Drive" weist nach 200.000 km einen gesamten CO_2-Ausstoß von ca. 27,6 Tonnen auf. Beim Fahrzeug mit dem Ottomotor „B 180" liegt der Gesamtausstoß etwas höher. Dieser beläuft sich auf ca. 32,3 Tonnen CO_2-Ausstoß und liegt damit um 4,7 Tonnen höher als beim Elektrofahrzeug.

7. Warum Strom aus erneuerbarer Energie den großen Unterschied macht

Wie bereits im Abschnitt 5.1.2. erwähnt, entstand bei der Herstellung von Elektrizität aus dem aktuell deutschen Strommix mit ca. 61,5 % konventioneller Energie und ca. 38,5 % erneuerbarer Energie im Jahr 2016, ein CO_2-Ausstoß von ca. $527\frac{g}{kWh}$. Bei der konventionell hergestellten Energie handelt es sich hauptsächlich um fossile Energiequellen wie z.B. Kohle, Erdgas und Erdöl. Die erneuerbare Energie wird aus Windkraft, Biomasse, Photovoltaik und Wasserkraft gewonnen und ist nahezu 100 % emissionslos (Deutscher Bundestag, 2007, S. 15 – 19). Ein weiterer Vorteil der erneuerbaren Energie im Vergleich zu fossilen Energiequellen ist die Schonung der knappen Ölressourcen und die verbesserte Chance für eine nachhaltige Mobilität. Im Jahr 2008 lag der Anteil der erneuerbaren Energie im deutschen Strommix bei gerade mal 15,1 % (Karle, 2015, S. 142). Im Vergleich zum Jahr 2016 kann man erkennen, dass in den vergangenen acht Jahren ein Anstieg von 23,4 % erzielt wurde. Man geht stark davon aus, dass auch in den nächsten Jahren ein Anstieg der erneuerbaren Energie zu erwarten ist und somit die Herstellung von Elektrizität weniger CO_2 produziert als bisher. Das derzeitige Problem besteht allerdings in der Speicherung von Strom.

Bei konventioneller Energiegewinnung kann man je nach Strombedarf des Marktes die Stromerzeugung erhöhen oder gegebenenfalls senken. Bei erneuerbaren Energien kann das schon etwas problematischer werden, „da die Energieerzeugung sowohl tageszeitlichen als auch jahreszeitlichen Schwankungen unterworfen ist" (Karle, 2015, S. 151). Zurzeit reichen die erneuerbaren Energien nicht aus, um die Fahrzeuge ausschließlich mit dem daraus gewonnenen Strom aufzuladen. Doch solange der Anteil der erneuerbaren Energien im deutschen Strommix steigt, desto nachhaltiger werden Elektrofahrzeuge für die Umwelt. Ein Fahrzeug, welches lediglich mit Strom aus erneuerbarer Energie fahren würde, wäre fast komplett emissionsfrei. Einzig und allein bei der Herstellung der Elekrofahrzeuge mit den Lithium-Ionen-Akkus würden CO_2-Emissionen anfallen. Nach der Herstellung könnte man theoretisch ein nahezu komplett emissionsfreies Fahrzeug besitzen, wenn man es ausschließlich mit Elektrizität aus erneuerbarer Energie aufladen würde. Dies wäre ein enormer Vorteil gegenüber den Verbrennungsmotoren und vor allem eine verbesserte Auswirkung auf unser Klima.

7.1. Zukunftsvision mit Strom aus 100 % erneuerbarer Energie

In diesem Abschnitt meiner Facharbeit will ich einmal aufzeigen, was es für einen Unterschied machen würde, wenn wir es schaffen, den Strom 100 % aus erneuerbarer Energie zu gewinnen. Da ich schon im Abschnitt 7. erwähnt habe, dass die Stromgewinnung mit erneuerbarer Energie nahezu keinen CO_2-Ausstoß produziert, würde ich gerne herausfinden, nach welcher Laufleistung sich die beiden Fahrzeuge nun „überschneiden" werden. Bei diesem

Versuch werde ich lediglich die ermittelten Daten für die Stromerzeugung verändern. Alle anderen vorhandenen Daten über Herstellung der Fahrzeuge und Nutzung bleiben erhalten. Wir wissen bereits, dass bei der Stromerzeugung ein CO_2-Ausstoß von ca. 527 $\frac{g}{kWh}$ entsteht (siehe Abschnitt 5.1.2.). Bei einer Stromgewinnung aus 100 % erneuerbarer Energie würde dieser Wert wegfallen und unser Elektrofahrzeug wäre nach der Fahrzeugherstellung somit emissionsfrei auf den Straßen unterwegs. Ich werde in meinem Diagramm (siehe Abb. 11) wieder eine Laufleistung von 0 km bis 200.000 km auf der x-Achse und den CO_2-Ausstoß von 0 bis 35 Tonnen auf der y-Achse angeben. Die beiden Linien stellen wieder die bereits bekannten Mittelklasse Fahrzeuge von Mercedes Benz dar. Die rote Linie zeigt den Verlauf der B-Klasse „B 180" und die blaue Linie den Verlauf der B-Klasse „Electric Drive" an. Bei beiden Fahrzeugen wird der CO_2-Ausstoß in Abhängigkeit ihrer Laufleistung gemessen und ausgewertet. Die Berechnung und Auswertung werden uns zeigen, wie viel Potenzial in der erneuerbaren Energie wirklich steckt und wie die Elektrofahrzeuge sich auf die Umwelt auswirken könnten.

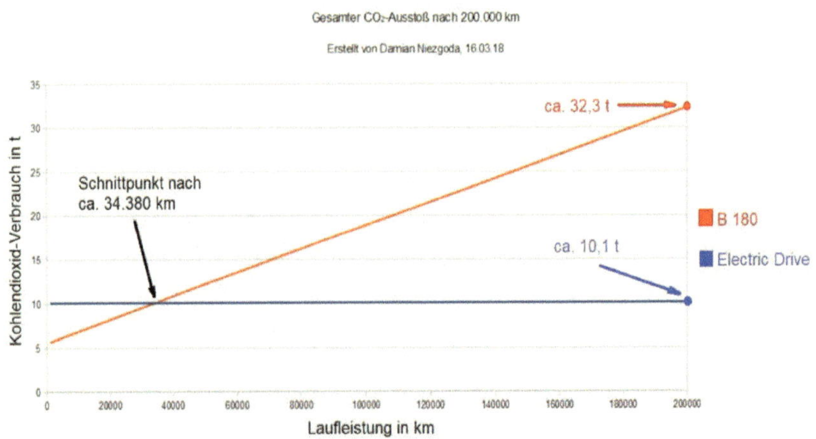

Abbildung 11: Gesamter CO₂-Ausstoß nach 200.000 km bei 100 % erneuerbarer Energie

Der Schnittpunkt liegt diesmal bei ca. 34.380 km. Im Vergleich zu der Berechnung mit dem aktuellen Strommix, wo der Schnittpunkt bei 99.352 km liegt, erkennt man nun das große Potenzial der erneuerbaren Energien. Während der gesamten Nutzung stößt das Elektrofahrzeug kein CO_2 mehr aus. Lediglich bei der Fahrzeugherstellung fällt ein CO_2-Ausstoß von 10,1 Tonnen an, was in diesem Diagramm auch gleichzeitig die Endbilanz nach 200.000 km ist. Bei der B-Klasse „B 180" bleiben die Werte unverändert und somit liegt die Endbilanz auch bei dieser Berechnung bei 32,3 Tonnen CO_2-Ausstoß nach 200.000 km. In diesem Versuch wird nun der CO_2-Unterschied deutlicher. Das Elektrofahrzeug stößt nun 22,2 Tonnen weniger CO_2 aus als der Ottomotor, und das nur aufgrund des Stroms aus reiner erneuerbaren Energie.

Mit diesem Versuch wollte ich noch einmal verdeutlichen, welches Potenzial in der erneuerbaren Energie steckt und welche positive Bilanz man im Hinblick auf den CO_2-Ausstoß erreichen kann.

8. Fazit

Meine Vergleiche und Berechnungen vom CO_2-Ausstoß zwischen dem Elektrofahrzeug „Electric Drive" und dem Fahrzeug mit Ottomotor „B 180" von Mercedes Benz haben gezeigt, dass sich die Elektromotoren auf einen längeren Zeitraum wirklich besser auf das Klima auswirken können als vergleichbare Verbrennungsmotoren. Bei Betrachtung des aktuellen deutschen Strommix ist der Unterschied von 4,7 Tonnen nach 200.000 km allerdings noch nicht so groß, wie ich es mir am Anfang dieser Facharbeit vorgestellt habe. Die Vergangenheit hat jedoch gezeigt, dass die erneuerbaren Energien im deutschen Strommix jedes Jahr gestiegen sind und höchstwahrscheinlich auch in Zukunft weiter steigen werden. Aus diesem Grund bin ich überzeugt davon, dass sich Elektrofahrzeuge in Zukunft immer positiver auf das Klima auswirken und deutlich weniger CO_2 produzieren werden. Meine Darstellung im Abschnitt 7.1. hat z.B. gezeigt, wie der CO_2-Ausstoß deutlich verringert werden kann, wenn es uns gelingen würde, die Elektrofahrzeuge zu 100 % aus erneuerbarer Energie aufzuladen. Leider ist es heutzutage auch der Fall, dass die Elektrofahrzeuge im Durchschnitt viel teurer sind als vergleichbare Verbrennungsfahrzeuge. Grund hierfür ist hauptsächlich die aufwendige und komplizierte Herstellung der Lithium-Ionen-Akkus. Ich schätze, dass sich die meisten Menschen weiterhin eher Verbrennungsfahrzeuge statt Elektrofahrzeuge anschaffen werden, wenn die Preise der Elektrofahrzeuge nicht auf das Preisniveau der Verbrennungsfahrzeuge absinken werden. Das Problem bei der Nachhaltigkeit unseres Klimas ist allerdings, dass es erst dann wirklich Sinn macht, wenn überwiegend elektrische Fahrzeuge unterwegs sind. Um das zu schaffen, müssen die Elektrofahrzeuge lukrativer für den Normalverbraucher werden. Ich gehe stark davon aus, dass sich die Elektromobilität in Zukunft durchsetzt und wirklich nachhaltig auf das Klima auswirkt, sobald man die Anschaffungskosten senkt und den Strom hauptsächlich aus erneuerbarer Energie gewinnt.

Literaturverzeichnis

Deutscher Bundestag. (2007, 04. April). CO_2-Bilanzen verschiedener Energieträger im Vergleich. Abgerufen am 16. März, 2018, von https://www.bundestag.de/blob/406432/ 70f77c4c170d9048d88dcc3071b7721c/wd-8-056-07-pdf-data.pdf

ecomento.de. (o.D.). Wie hoch ist die Lebensdauer von Batterien in Elektroautos?. Abgerufen am 18. März, 2018, von https://ecomento.de/ratgeber/wie-hoch-ist-die-lebensdauer- von-batterien- elektroautos/

Farwer, L. (2018, 27. Februar). Lebensdauer eines Benzinmotors – Faktoren zur Haltbarkeit. Abgerufen am 17. März, 2018, von https://praxistipps.chip.de/lebensdauer-eines-benzinmotors-faktoren-zur-haltbarkeit_100246

Focus Online. (2017, 16. April). Renault und BMW überholt: Tesla ist Elektromarktführer in Deutschland. Abgerufen am 07. März, 2018, von https://www.focus.de/auto/elektro auto/unternehmen-elektroautos-weiter-kaum-gefragt-kommt-der-durchbruch _id_6968487.html

Globalisierung Fakten. (o.D.). CO_2-Emissionen. Abgerufen am 07. März, 2018, von https:// www.globalisierung-fakten.de/treibhauseffekt/co2-emissionen/

Greenpeace. (2017, September). Klima schützen – gemeinsam einfacher, S. 3 – 7.

Karle, A. (2015). Elektromobilität – Grundlagen und Praxis. Regensburg, Deutschland: Hanser.

Kleber, N. & Schneider, L. (2017, 06. Juli). 10 Fakten über Elektroautos. Abgerufen am 18. März, 2018, von https://www.ingenieur.de/technik/fachbereiche/e-mobilitaet/10-fakten-ueber-elektroautos/

mobile.de. (o.D.). [Technische Daten von der Mercedes Benz B-Klasse (W246)]. Abgerufen am 12. März, 2018, von https://www.mobile.de/auto/mercedes/b-klasse/2011/schraeg heck/modell/daten-fakten

Seidler, C. (2017, 13. November). CO_2-Ausstoß legt 2017 wieder zu. Abgerufen am 17. Februar, 2018, von http://www.spiegel.de/wissenschaft/mensch/globaler-co2-ausstoss-die-emissionen-steigen-weiter-a-1177404.html
statista.de. (2017, November). Weltweiter CO_2-Ausstoß in den Jahren 1960 – 2016 (in

Millionen Tonnen). Abgerufen am 17. Februar, 2018, von https://de.statista.com/ statistik/daten/studie/37187/umfrage/der-weltweite-co2-ausstoss-seit-1751/

Strom Report. (o.D.). Der deutsche Strommix: Stromerzeugung in Deutschland. Abgerufen am 09. März, 2018, von https://1-stromvergleich.com/strom-report/strommix/

TESLA. (o.D.). [Technische Daten vom TESLA Model S]. Abgerufen am 09. März, 2018, von https://www.tesla.com/de_DE/new/5YJSA7E43JF236283

Tober, W. (2016). Praxisbericht Elektromobilität und Verbrennungsmotor. Wien, Österreich: Springer Vieweg.

Umweltbundesamt. (2017, 23. Mai). Wie viel CO_2 verursacht eine Kilowattstunde Strom im deutschen Strommix?. Abgerufen am 16. März, 2018, von https://www.umweltbundes amt.de/themen/klima-energie/energieversorgung/strom-waermeversorgung-in-zahlen?sprungmarke=Strommix#Strommix

Wiesinger, J. (o.D.). Wie funktioniert ein Verbrennungsmotor grundsätzlich?. Abgerufen am 06. März, 2018, von https://www.kfztech.de/kfztechnik/motor/grundlagen/ motor_funktion.htm

Wikipedia. (2018, 17. Februar). Tesla, Inc. Abgerufen am 08. März, 2018, von https://de.wikipedia.org/wiki/Tesla,_Inc.

Wikipedia. (2018, 23. Februar). Verbrennungsmotor. Abgerufen am 06. März, 2018, von https://de.wikipedia.org/wiki/Verbrennungsmotor

Abbildungsverzeichnis

Tabellenverzeichnis